*Dieses Buch ist meiner verstorbenen Mutter Elpida gewidmet,
die von Natur aus einen grünen Daumen hatte und so gut wie alles zum
Blühen bringen konnte: vom Obstgarten bis hin zu einem Olivenbaum,
der auf wundersame Weise aus ihrem Kompost gesprossen war.*

Elli Ioannou, Paris

ELLI IOANNOU

GEHEIME GÄRTEN IN PARIS

GERSTENBERG

INHALT

GEHEIME

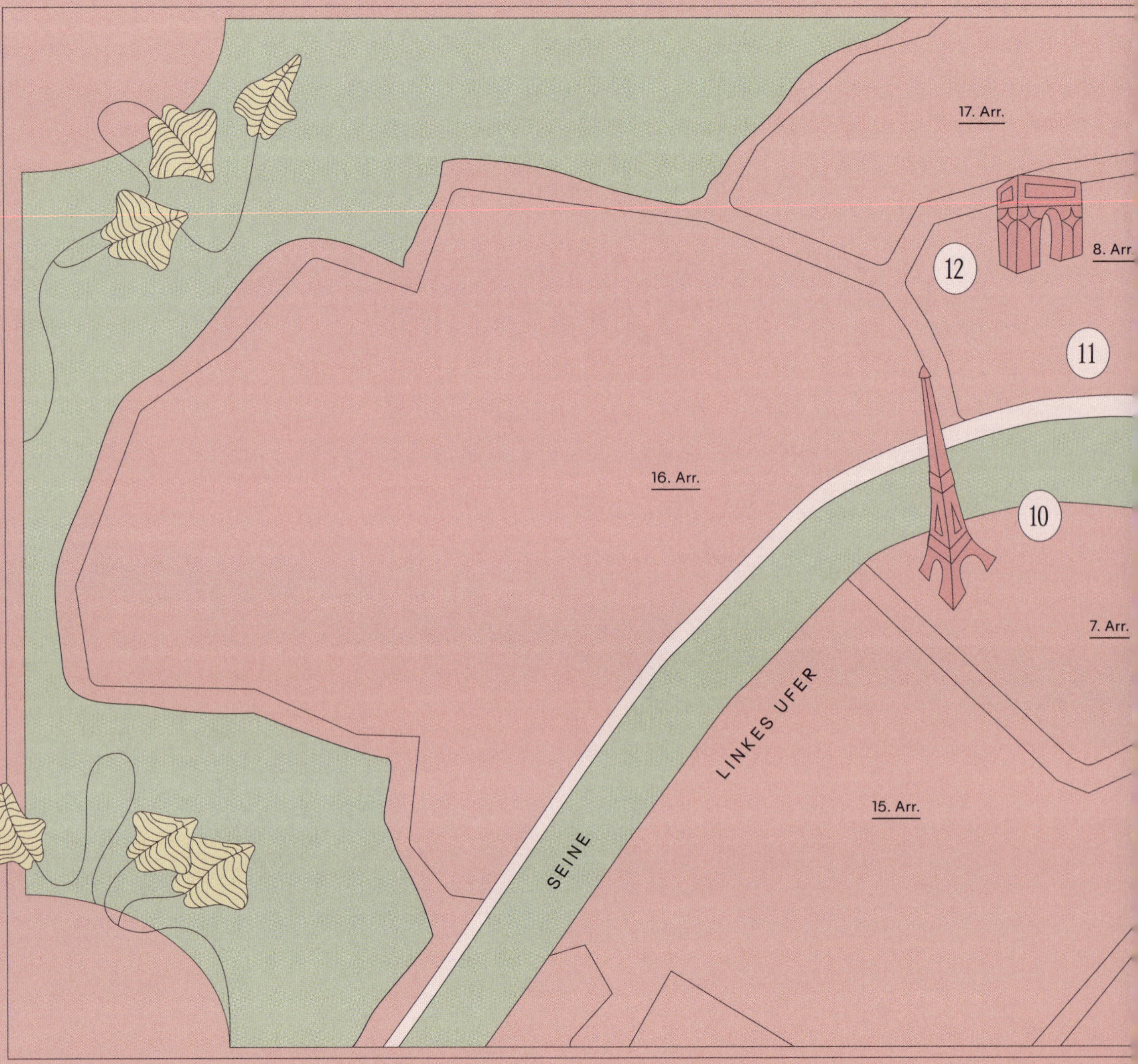

LINKES SEINE-UFER — RIVE GAUCHE

1 – *Square Gabriel-Pierné* 6. Arr.
2 – *Square Laurent-Prache* 6. Arr.
3 – *Square Félix Desruelles* 6. Arr.
4 – *Musée National Eugène-Delacroix* 6. Arr.
5 – *Jardin Auguste Scheurer-Kestner* 6. Arr.
6 – *Square Alice Saunier-Seïté* 6. Arr.
7 – *Hôtel de l'Abbaye* 6. Arr.
8 – *Square Roger-Stéphane* 7. Arr.
9 – *Musée Bourdelle* 15. Arr.
10 – *Musée du Quai Branly - Jacques Chirac* 7. Arr.

GÄRTEN

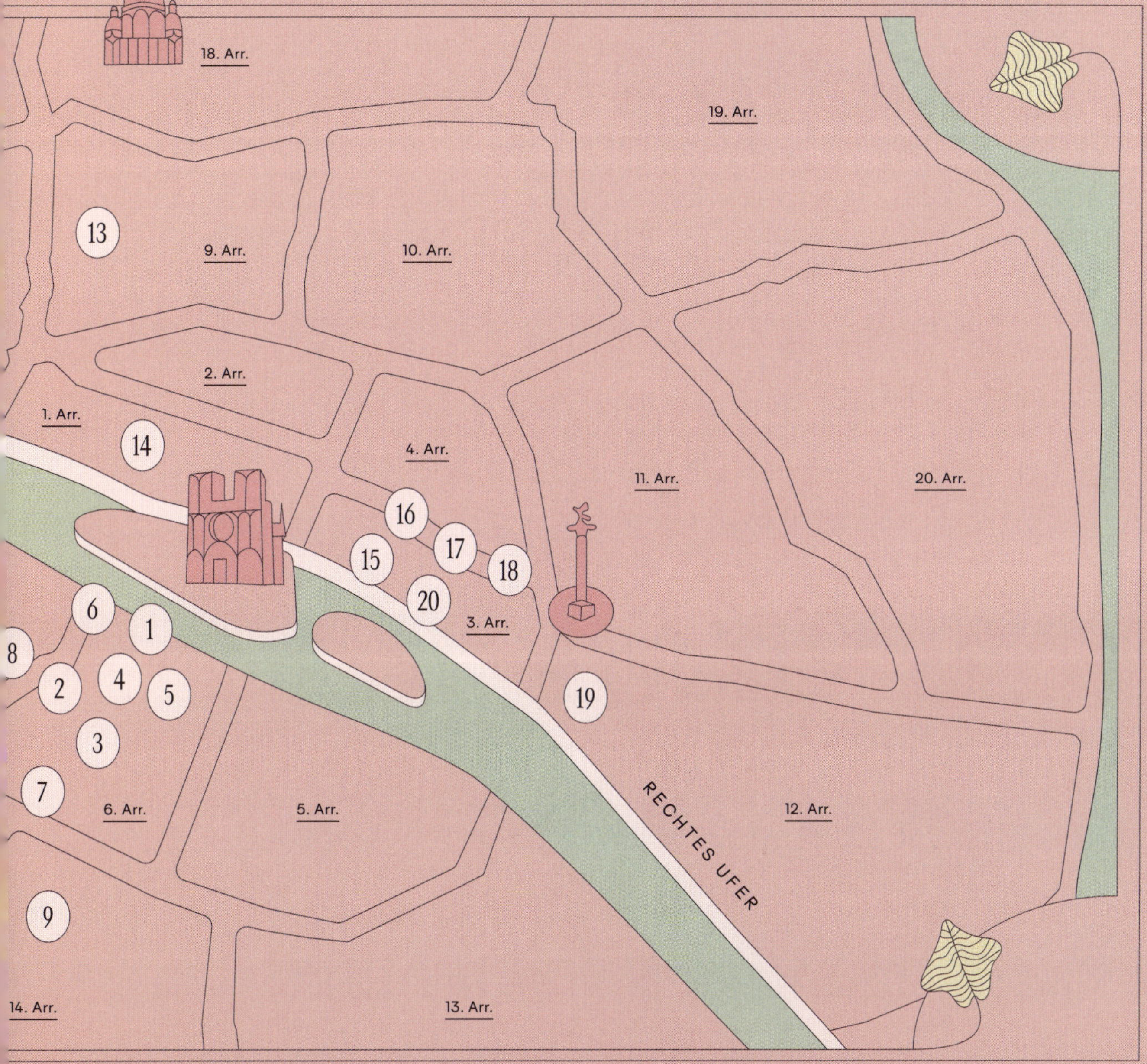

RECHTES SEINE-UFER – RIVE DROITE

11 – *Petit Palais* 8. Arr.
12 – *Parc Monceau* 8. Arr.
13 – *Musée de la Vie Romantique* 9. Arr.
14 – *Jardin Vivienne, BnF Richelieu* 2. Arr.
15 – *Musée Carnavalet* 3. Arr.

16 – *Square Georges Cain* 3. Arr.
17 – *Jardin Lazare Rachline* 3. Arr.
18 – *Le Pavillon de la Reine* 3. Arr.
19 – *Coulée verte René-Dumont* 12. Arr.
20 – *Jardin des Rosiers Joseph Migneret* 4. Arr.

Galerie

EINLEITUNG

Als ich von Melbourne nach Paris zog, vermisste ich zunächst die naturnahe Umgebung. Doch je besser ich mein neues Zuhause kennenlernte, desto mehr entdeckte ich, mit wie viel Sorgfalt und Wertschätzung die Pariser ihre Grünanlagen pflegen. Meine Liebe zur Natur und zu Gärten als Orte der Ruhe und Geborgenheit verdanke ich meiner Mutter und dem Garten, den sie mit so viel Hingabe bei uns in Australien angelegt hatte. Dieses Gefühl hieß mich auch in meiner neuen Heimat willkommen.

Vom Bois de Boulogne im Westen der Stadt bis zum Bois de Vincennes im Osten, vom Jardin du Luxembourg bis zum Jardin des Tuileries mangelt es in Paris nicht an ausgedehnten Parkanlagen. Was mich jedoch wirklich überraschte (und erfreute), waren die vielen »geheimen« Gärten, die zwischen den geschäftigen Straßen verstreut liegen. Wo immer ich mich auch befand, merkte ich schnell, dass ich nie weit von einer Grünfläche entfernt war – von bepflanzten Plätzen über versteckte Gartenanlagen und begrünte Hotelinnenhöfe bis hin zu öffentlichen Parks und Museumsgärten. Hier konnte ich mich einen Moment niederlassen und innehalten, Inspiration schöpfen, entspannen oder meinen Gedanken nachhängen. Auch Ihnen stehen diese Gärten offen!

Diese »verborgenen« Gärten und Grünflächen sind mehr als nur ein Teil der Stadtgestaltung. Sie sind ein echtes Pariser Kulturerlebnis – eine Einladung, in die Vergangenheit einzutauchen. In jeder der hier vorgestellten Anlagen erfährt man auch einiges über die ereignisreiche Geschichte von Paris – oft vermittelt durch Kunst und Literatur, aber auch durch die Menschen, nach denen diese Orte benannt sind. Viele Gärten zieren z. B. Originalskulpturen bedeutender Künstler, darunter – eine freudige Überraschung – ein Werk von Picasso auf dem Square Laurent-Prache.

Wie positiv sich ein Aufenthalt in der Natur auf unsere Psyche auswirkt, ist inzwischen hinreichend bewiesen: So kann er z. B. dabei helfen, die Dinge aus einem anderen Blickwinkel zu betrachten, positives Denken fördern, Stress abbauen sowie Ängste und Depressionen mildern. Egal wie man sich gerade fühlt: Eine Auszeit inmitten von Bäumen und Pflanzen hebt die Stimmung.

Die Stadt Paris hat sich zum Ziel gesetzt, ihre Straßen zu begrünen und sich so zu einer »Gartenstadt« zu entwickeln. Seit 2020 wurden über 100 000 Bäume gepflanzt, die zur Begrenzung des Klimawandels beitragen. Besonderes Augenmerk liegt darauf, die Artenvielfalt zu fördern, Luftverschmutzung zu verringern, die gesundheitliche Belastung durch Hitze zu reduzieren und jedem Bürger einen innerhalb von 15 Gehminuten erreichbaren Erholungsraum zu bieten. Ein Beispiel für ein solches Begrünungsprojekt ist die Coulée verte René-Dumont – eine stillgelegte Bahntrasse, die in eine ausgedehnte bepflanzte Promenade verwandelt wurde.

Auf »Geheime Gärten« stößt man in Paris immer wieder, wenn man nur aufmerksam Ausschau hält: ob an einer Straßenecke wie der Jardin Auguste Scheurer-Kestner oder versteckt in einem Hotelinnenhof, etwa beim »Pavillon de la Reine«. Wie beim Musée du Quai Branly – Jacques Chirac dienen sie mal als üppige grüne Bühne für die dort beheimateten Kunstwerke oder greifen, wie der Jardin Vivienne, BnF Richelieu, als geschickt angelegter »Papiergarten« die Motive ihrer Umgebung wie die in der Nationalbibliothek aufbewahrten Bücher und Handschriften auf.

Vor allem Museumsgärten üben oft einen besonderen Reiz aus. Eines der Beispiele, die ich für dieses Buch ausgewählt habe, ist das Musée Bourdelle, das ich erstmals 2017 anlässlich einer Ausstellung über den spanischen Modeschöpfer Cristóbal Balenciaga besuchte. Seine eindrucksvollen schwarzen Haute-Couture-Entwürfe wurden inmitten von Skulpturen und anderen Kunstwerken von Antoine Bourdelle gezeigt. Die Präsentation betonte die skulpturale Wirkung seiner Kreationen und setzte die Werke beider Künstler – zweier kreativer Meister unterschiedlicher Epochen – in Beziehung. Im Anschluss erkundete ich den herrlichen Museumsgarten, in dem sich entlang grüner Spazierwege weitere Kunstwerke und ruhige Sitzgelegenheiten verteilten.

Bäume – egal ob klein oder groß, kürzlich gepflanzt oder jahrhundertealt – prägen alle hier beschriebenen Gärten. Sei es ein Feigenbaum aus den 1920er-Jahren am Square Georges Cain, eine hoch aufragende Trauerbuche am Square Roger-Stéphane, die Paulownien im Garten des Musée Bourdelle und am Place de Furstemberg, blühender Flieder, anmutige Silberbirken oder exotische Akazien – überall in Paris lassen sich im Jahreslauf prächtige Bäume bewundern. Und selbst noch den kleinsten öffentlichen Garten von Paris, den Jardin Alice Saunier-Seïté, schmückt ein Baum.

Das Antlitz der Gärten verändert sich im Wechsel der Jahreszeiten – reifüberzogen, regenverhangen oder im Sonnenlicht strahlend: Von frischem Frühlingsgrün über sommerliche Blütenpracht bis hin zu leuchtenden Herbstfarben können wir uns das ganze Jahr über an ihnen erfreuen. Im Sommer gibt es in vielen Gärten Cafés oder Pop-up-Restaurants, in denen man sich mit Freunden auf einen Kaffee, Tee oder Aperitif treffen kann. Oder man bleibt für sich, beobachtet die Leute, liest ein Buch oder lässt einfach nur die Schönheit der Natur auf sich wirken. So oder so sind die Pariser Gärten stets eine Quelle der Inspiration und Freude.

Elli Ioannou

LINKES SEINE-UFER RIVE GAUCHE

Die malerische Seine fließt mitten durch die Stadt und teilt Paris in ein südliches und ein nördliches Ufer. Viele Pariser identifizieren sich ganz besonders mit der Flussseite, auf der sie jeweils leben. Sie steht für eine bestimmte Lebenseinstellung und einen eigenen Lebensstil. Für Außenstehende mag dies belanglos klingen, doch oft wird lebhaft diskutiert, welche Seite der Stadt stilvoller, mondäner oder einfach zum Leben »besser« ist – die *Rive Gauche* oder die *Rive Droite*.

Die *Rive Gauche* repräsentiert dabei traditionell die intellektuelle, freigeistige Seite von Paris. Dieser Ruf ist nicht nur auf die berühmte Sorbonne-Universität zurückzuführen, sondern auch darauf, dass in den 1920er-Jahren Schriftsteller und Künstler wie Ernest Hemingway, Henry Miller, James Joyce und Gertrude Stein die kreative Atmosphäre am linken Seine-Ufer genossen und einen avantgardistischen Lebensstil pflegten.

Jean-Paul Sartre und Simone de Beauvoir trafen sich im »Café de Flore« oder im »Les Deux Magots« am Place Saint-Germain-des-Prés, wo sie über Philosophie diskutierten, rauchten und tranken. 1966 eröffnete Yves Saint Laurent in der Rue de Tournon als erster Modeschöpfer unter eigenem Namen eine Prêt-à-porter-Boutique, die er »Rive Gauche« nannte, als Verweis auf das am linken Seine-Ufer vorherrschende intellektuelle Flair.

Auch einige Filmklassiker wurden hier gedreht, darunter »Außer Atem« (1960) von Jean-Luc Godard, der u. a. an der Uferpromenade direkt gegenüber der bekannten Kathedrale Notre-Dame de Paris spielt. Und die Place de Furstemberg ist Schauplatz der letzten Filmszene von Martin Scorseses Werk »Zeit der Unschuld« (1993).

Das elegante Viertel Saint-Germain-des-Prés gilt als das Herz der *Rive Gauche*. Seine Lebensader, der Boulevard Saint-Germain, ist gesäumt von Caféterrassen, Luxusboutiquen, efeubewachsenen Gitterzäunen und Gourmetrestaurants. Rund um die École des Beaux-Arts gruppieren sich an den ruhigen Plätzen Antiquitätenläden, Kunstgalerien und kleine, versteckte Museen.

Bis heute hat sich das linke Seine-Ufer mit seinen zahlreichen Buchläden, Kinos und Universitätsgebäuden sein intellektuelles, künstlerisches Flair bewahrt. Die *Rive Gauche* verbindet eine traditionsreiche Geschichte mit modernem Esprit und lockt mit dieser einzigartigen Mischung zahlreiche Menschen ans Südufer der Seine.

1 ——

SQUARE GABRIEL-PIERNÉ

ADRESSE 5 Rue de Seine, 75006

ÖFFNUNGSZEITEN 8.00/9.00–20.30 Uhr

METRO Saint-Germain-des-Prés

Die romantische Grünanlage ist nur einen kurzen Spaziergang von der berühmten Pont des Arts entfernt und liegt versteckt hinter dem Institut de France, dessen Kuppeldach über den Baumkronen emporragt.

Ursprünglich hieß sie Square de la Rue Mazarine. 1969 wurde sie zu Ehren des bekannten französischen Komponisten, Dirigenten und Pianisten Gabriel Pierné (1863–1937) umbenannt, der in der Nähe lebte.

Mehrere Besonderheiten lassen sich hier entdecken. So handelt es sich bei zwei der steinernen Sitzbänke um Kalksteinbänke in Form von aufgeschlagenen Büchern. Sie erinnern an das literarische und künstlerische Erbe der Gegend – insbesondere an die Bibliothèque Mazarine (Bibliothek des Institut de France) sowie an die Kunstgalerien und Buchhandlungen des Stadtteils Saint-Germain-des-Prés.

Hinzu kommt die Fontaine de Fragonard (1830), die 1952 zum historischen Denkmal erklärt wurde. Der filigrane Brunnen besteht aus einer Säule mit einer janusköpfigen Skulptur, die Handel und Reichtum symbolisiert. Die von Alexandre-Évariste Fragonard (1780–1850, Sohn des Malers Jean-Honoré Fragonard) geschaffene Skulptur war ursprünglich für den Marché des Carmes im 5. Arrondissement bestimmt, wurde jedoch nach dem Abriss des Marktes 1930 hierherversetzt.

Eine weitere Statue, die »Carolina« genannte Bronzeskulptur einer nackten jungen Frau, erhielt hier im Jahr 1968 ihren Platz. Sie stellt die Tochter des Bildhauers Marcello Tommasi (1928–2008) dar und stieß anfangs nicht überall auf Zustimmung.

Die Kirschbäume, die die Anlage zieren, entfalten im Frühjahr eine üppige Blütenpracht und laden – wie beim *Hanami*, der japanischen Tradition der »Blütenschau« – zum Betrachten und Bewundern ein. Unter den Magnolienbäumen, die die einzige Mauer der Anlage säumen, wurde als Lebensraum für Vögel und Insekten ein naturnaher Gartenbereich angelegt. Er verfügt sogar über einen Komposthaufen und wird von der Stadt gepflegt. Die Grünanlage zieht sowohl Einheimische als auch Besucher an. Sie verströmt echtes Pariser Flair und trägt als eine von vielen zum Vorhaben bei, Paris in eine grünere Stadt zu verwandeln.

LINKE SEITE Fontaine de Fragonard, 1830.

OBEN Blick vom Square Gabriel-Pierné auf die Kuppel des Institut de France.

RECHTE SEITE Buchförmige Steinbank mit der Fontaine de Fragonard im Hintergrund.

2 ——

SQUARE LAURENT-PRACHE

ADRESSE 1 Place Juliette Gréco, 75006
ÖFFNUNGSZEITEN 9.00/9.30–20.30 Uhr
METRO Saint-Germain-des-Prés

Nur einen Steinwurf vom lebhaften Boulevard de Saint-Germain entfernt, schmiegt sich diese idyllische Grünanlage an die Église Saint-Germain-des-Prés. Die Kirche ist eines der wenigen Überbleibsel einer ehemaligen Benediktinerabtei. Ebenfalls erhalten sind die daneben liegenden Arkaden der Chapelle de la Vierge, die der Gartenanlage einen fast wildromantischen Charakter verleihen.

Am schmiedeeisernen Geländer der Anlage verweist ein Schild auf den Platz, an dem sich der Garten befindet: Place Juliette Gréco, benannt nach der berühmten französischen Sängerin (1927–2020). Tritt man durch das elegante Tor, grüßt gleich am Eingang ein Originalwerk des spanischen Malers, Grafikers und Bildhauers Pablo Picasso: die Bronzebüste zeigt seine ehemalige Geliebte und Muse, die Fotografin Dora Maar. Der Künstler schenkte die Büste der Stadt Paris im Jahr 1959 – als Hommage an seinen Freund, den französischen Dichter und Dramatiker Guillaume Apollinaire (1880–1918), der in seinem Haus am Boulevard de Saint-Germain Nr. 202 an der Spanischen Grippe starb. 1999 wurde die Büste gestohlen und tauchte erst 2001 wieder auf, nachdem man sie 30 Kilometer von Paris entfernt in einem Graben in Osny entdeckt und nichts ahnend im dortigen Rathaus aufgestellt hatte.

Laurent Prache (1856–1919), nach dem die Grünanlage benannt ist, war ein französischer Politiker und stellvertretender Bürgermeister von Paris. An ihn erinnern eine Gedenktafel und ein Marmorrelief von François de Hérain (1877–1962), einem französischen Arzt, der als Maler und Bildhauer einige Bekanntheit erlangte.

Die Grünanlage befindet sich in einem der prestigeträchtigsten Viertel von Paris, bekannt für seine Luxusboutiquen und Galerien sowie für das berühmte Café »Les Deux Magots«. 1884 eröffnet, begrüßte es illustre Gäste wie Pablo Picasso, Ernest Hemingway, Simone de Beauvoir, Albert Camus und James Joyce und trug maßgeblich zum Ruf von Saint-Germain als Literaten- und Künstlerviertel bei.

Die Gartenanlage beherbergt außerdem einen von über 100 Pariser Wallace-Brunnen – öffentliche Trinkwasserspender, die meist in Form einer kleinen gusseisernen Skulptur gestaltet sind. Der englische Philanthrop Sir Richard Wallace (1818–1890) spendete sie der

Stadt, um der Bevölkerung nach dem Deutsch-Französischen Krieg 1870 und den Wirren der Pariser Kommune einen kostenlosen Zugang zu sauberem Trinkwasser zu ermöglichen.

Die Beete der Grünanlage werden saisonal bepflanzt, sodass man sich das ganze Jahr über an ihrer Farbenpracht erfreuen kann: Neben rot und weiß blühenden Rosskastanien gedeihen hier ein Judasbaum, Eiben sowie hübsche Blütensträucher wie Orangenblumen und Rhododendren. Den Menschen, die hier wohnen und arbeiten, sowie zufälligen Besuchern bietet die Anlage einen geschützten, friedlichen Rückzugsort.

OBEN LINKS »Dora Maar« von Pablo Picasso.

OBEN RECHTS Originale Überreste der einstigen Abtei Saint-Germain-des-Prés.

INEDIT

SEVRES

3 ——

SQUARE FÉLIX DESRUELLES

ADRESSE 168 Bis Boulevard Saint-Germain, 75006

ÖFFNUNGSZEITEN 8.00/9.00–21.30 Uhr

METRO Mabillon/Saint-Germain-des-Prés

Direkt am Boulevard, auf dem Gelände der Église Saint-Germain-des-Prés, liegt diese Grünanlage. Benannt ist sie nach dem Bildhauer Félix-Alexandre Desruelles (1865–1943). Dieser war Mitglied der renommierten Académie des Beaux-Arts und wurde für seine zahlreichen Denkmäler für die Gefallenen des Ersten Weltkriegs bekannt. An der Westmauer ziert ein von Desruelles geschaffenes Hochrelief die Fontaine Pastorale, einen aus Chauvigny-Kalkstein gestalteten Brunnen. Es zeigt einen Hirten mit zwei Schafen und ein junges Mädchen. Aus dem Sockel des Brunnens ergießt sich das Wasser durch drei kleine Auslässe in ein trogförmiges Becken.

Das markanteste architektonische Element ist jedoch das bogenförmige Jugendstilportal, das – zwölf Meter hoch und zehn Meter breit – eine Gebäudewand im Osten des Gartens ziert. Ursprünglich vom Architekten Charles Risler (1864–1937) und vom Bildhauer Jules Coutan (1848–1939) als Eingangsportal zum Pavillon der französischen Manufakturen für die Pariser Weltausstellung von 1900 entworfen, sollte es die Keramikkunst der staatlichen Manufaktur Sèvres veranschaulichen. Nach Ausstellungsende erhielt das Portal hier 1905 seinen Platz.

Auf Kunstfertigkeit in Sachen Keramik verweist auch die Statue des Renaissancekünstlers Bernard Palissy (1509–1590): Der hugenottische Wissenschaftler und Töpfer schuf kunstvoll glasierte Keramiken, die oftmals mit naturgetreuen Darstellungen von Tieren und Pflanzen sowie allegorischen Szenen verziert waren. Seine Werke sind noch heute in zahlreichen Museen zu finden, etwa im Victoria and Albert Museum in London. Gleich daneben steht für Kinder eine Rutsche samt Klettergerüst zum Spielen.

Trotz ihrer geringen Größe bietet die Grünanlage viel zum Entdecken und lädt im Sommer mit üppigem Grün, mehreren Sitzgelegenheiten und Schatten spendenden Bäumen zum Verweilen ein.

OBEN Mit Sèvres-Keramik verziertes Jugendstilportal (1900).

RECHTE SEITE Fontaine Pastorale (1925) mit Hochrelief von Félix Desruelles.

EVRES

OBEN Detail des Jugendstilportals.

RECHTE SEITE Gesamtansicht des Portals.

SEVRES
1753
1900

RECHTE SEITE Von Louis Barrias geschaffene Skulptur des Keramikers Bernard Palissy, Wegbereiter der europäischen Glasurtechnik des 16. Jahrhunderts.

4

MUSÉE NATIONAL EUGÈNE-DELACROIX

ADRESSE 6 Rue de Furstemberg, 75006

ÖFFNUNGSZEITEN 9.30–17.30 Uhr, dienstags geschlossen

METRO Saint-Germain-des-Prés

Auch wenn sich dieser »geheime Garten« nur über das eintrittspflichtige Museum betreten lässt, lohnt sich sein Besuch – ebenso wie der des einstigen Ateliers des romantischen Künstlers Eugène Delacroix. 1971 zum Nationalmuseum erklärt, ist es seit 2004 dem Musée du Louvre unterstellt.

Delacroix zog 1857 vom Viertel Nouvelle-Athènes im 9. Arrondissement hierher. Die Gegend lag näher an der Église Saint-Sulpice, für deren Marienkapelle er drei Wandgemälde fertigen sollte. »Meine Wohnung ist ausgesprochen charmant«, schrieb er am 28. Dezember 1857 in sein Tagebuch. »[...] Tags darauf weckte mich die Sonne, die herrlich auf die Häuser gegenüber meinem Fenster schien. Der Blick auf meinen kleinen Garten und mein gemütliches Atelier erfüllt mich stets mit Freude.«

Aus einer wiedergefundenen Rechnung geht hervor, dass Delacroix »den Boden bearbeitete, die vorhandenen Beete und Sträucher beschnitt, mit Thymian eingefasste Blumenbeete anlegte und eine große Anzahl Rosen-, Johannisbeer- und Himbeersträucher sowie mehrere Bäume pflanzte«.

Pierre Bonnaure, der damalige Chefgärtner der Tuilerien, restaurierte den Garten 2012 anhand von Delacroix' persönlichen Aufzeichnungen, um ihn möglichst originalgetreu wiederherzustellen. Hoch aufragende Bäume, eingefasste Blumenbeete, Obststräucher, Rosen und eine auf die Jahreszeiten abgestimmte Bepflanzung erwecken den üppigen, »ländlichen« Garten zu neuem Leben, der dem Künstler so am Herzen lag. Und so erleben heute Besucher hier eine ähnliche Ruhe, wie sie Delacroix einst genoss.

Zum Museum gelangt man über die Place de Furstemberg. Dank ihrer alten Paulownien, die im Frühjahr duftende Blüten tragen, gilt sie als einer der schönsten Plätze von Paris. Eine verschnörkelte fünfarmige Straßenlaterne unterstreicht ihren romantischen Charme, der schon in Filmen wie »Gigi« (1958) von Vincente Minnelli oder »Zeit der Unschuld« (1993) von Martin Scorsese zu sehen war. Ringsum gruppieren sich Ladenlokale, darunter ein Blumengeschäft, das mit seiner Pflanzenfülle auf dem Bürgersteig das Seine zur Begrünung der Stadt beiträgt.

Musée
Eugène DELACROIX
6, rue de Furstemberg
RUE
DE FURSTEMBERG

44

5

Jardin Auguste Scheurer-Kestner

ADRESSE 2 Rue Jacob, 75006

ÖFFNUNGSZEITEN nur von außen zu besichtigen

METRO Saint-Germain-des-Prés/Mabillon

Zwar ist die kleine Grünanlage von einem niedrigen schmiedeeisernen Zaun umgeben und nicht öffentlich zugänglich, faszinierende Einblicke gewährt sie dennoch. Auguste Scheurer-Kestner (1833–1899), den Mann, nach dem sie benannt ist, würdigt im weitläufigen Jardin du Luxembourg ein Denkmal. Und auch dass diese grüne Oase an der Kreuzung von Rue Jacob, Rue de Seine und Rue de l'Echaudé seinen Namen trägt, hat seinen Grund: Im berühmten Prozess, der als Dreyfus-Affäre bekannt wurde, trug der Industrielle und republikanische Senator entscheidend zur Rehabilitierung des fälschlicherweise des Hochverrats bezichtigten jüdischen Hauptmanns Alfred Dreyfus (1859–1935) bei.

Im Mittelpunkt der Anlage steht ein kugelförmiger Messingbrunnen des Bildhauers Guy Lartigue (1927–2021), der über 80 öffentliche Werke, darunter viele monumentale Skulpturen und Brunnen, schuf. Rundherum gruppieren sich ein Feigenbaum, eine Palme, Pappeln, blühende Gräser und Bambus, die dem Garten ein exotisches Flair verleihen. Auch wenn man die Anlage nicht betreten und hier verweilen kann, ermöglicht allein schon der Anblick des beschaulich plätschernden Wasserspiels einen Moment von Innehalten und Stille.

Das Gebäude gegenüber, Rue de Seine Nr. 57, wurde 1740 für den Druckermeister Henri Diéval erbaut und besticht mit seinen kunstvoll verzierten Balkonen und üppig bepflanzten Blumenkästen. 1885 beherbergte es das »Hôtel du Maroc«, in dem der Dichter Charles Baudelaire (1821–1867) mehrere Monate logierte. 1902 teilte sich hier Pablo Picasso (1881–1973) als damals mittelloser Künstler ein Dachgeschosszimmer mit dem Bildhauer Augusto Agero (1880–1947).

In den 1970er-Jahren eröffnete dann im Keller der berüchtigte Nachtklub »Rock 'n' Roll Circus«, in dem Stars wie Mick Jagger und Jim Morrison, Frontmann der Band »The Doors«, ein- und ausgingen.

Im 1991 erschienenen Buch »The End: The Death of Jim Morrison« (dt.: »The End: Der Tod von Jim Morrison«) von Bob Seymore berichtet der Musikjournalist Sam Bernett, damals Manager des Nachtklubs, Morrison sei hier in seiner Todesnacht am 3. Juli 1971 an einer Überdosis Heroin gestorben, bevor die Leiche – um einen Skandal zu vermeiden – in seine Pariser

Wohnung gebracht wurde. Die Adresse ist daher eine wichtige Station für viele »Morrison-Pilger«, die Paris besuchen.

Abends verwandelt eine bunte Lichtshow die Hauswand hinter der schmucken Grünanlage in eine moderne Urban-Art-Installation, die die kulturelle Bedeutung und Tradition des Viertels weiterführt.

DE L'EUROPE

Square Alice Saunier-Seïté

ADRESSE 10 Rue Visconti, 75006

ÖFFNUNGSZEITEN rund um die Uhr

METRO Saint-Germain-des-Prés

Angelegt an einer bereits seit dem 16. Jahrhundert bestehenden Straße, hieß diese Grünanlage ursprünglich Square Visconti. Im Oktober 2017 wurde sie jedoch umbenannt. Ihre Namensgeberin, Alice Saunier-Seïté (1925–2003), war Geografin, Historikerin, Universitätsprofessorin und Politikerin sowie – von 1976 bis 1981 – die erste weibliche Staatssekretärin für Universitäten *(Secrétaire d'État aux universités).*

Obwohl die Grünanlage die kleinste in ganz Paris ist, hat sie eine illustre Geschichte vorzuweisen: Einst befand sich hier der Eingang eines Herrenhauses, das einer der hochrangigsten Adelsfamilien des 17. und 18. Jahrhunderts gehörte. Anfang des 19. Jahrhunderts unterhielt hier der neoklassizistische Maler Jean-Auguste-Dominique Ingres (1780–1867), der an der École Nationale Supérieure des Beaux-Arts in der nahen Rue Bonaparte studiert hatte, sein Atelier.

Ganz in der Nähe, in der Rue Visconti Nr. 17, betrieb außerdem der Schriftsteller Honoré de Balzac (1799–1850) zwei Jahre lang eine Druckerei, woran heute eine Gedenktafel erinnert. Der Dramatiker Jean Racine wiederum lebte im Haus Nr. 24, wo er 1699 im Alter von 59 Jahren starb. Und im Haus Nr. 19 hatte der Künstler Eugène Delacroix (1798–1863) zwischen 1835 und 1844 sein Atelier. Hier malte er u. a. den polnischen Komponisten Frédéric Chopin (1810–1849) und seine Geliebte, die Schriftstellerin George Sand (Pseudonym von Amantine Lucile Aurore Dupin de Francueil, 1804–1876).

Trotz seiner künstlerischen Vergangenheit wurde der Platz eher zufällig zu einer öffentlichen Grünanlage: Bis Ende der 1990er-Jahre diente er noch als städtischer Betriebshof. Dann jedoch wurzelte hier ein Baum, der sich selbst ausgesät hatte. Die Anwohner protestierten gegen seine Entfernung und gaben damit den Anstoß zur Einrichtung der Anlage.

Auch heute noch ist der Baum ein wichtiges Element im Garten. Ein Pflaster aus Steinplatten umgibt außerdem ein mittiges Beet, das mit Orangenblumen, Farnen und Immergrün bepflanzt ist. Und an der rückwärtigen Hauswand findet man eine mit Efeu, Geißblatt und Glyzinien bewachsene Eichenpergola sowie steinerne Sitzbänke. Angenehm beschattet, bieten sie in den warmen Sommermonaten einen idealen Ort, um zu verweilen und sich mit der bemerkenswerten Geschichte der Gegend zu befassen.

Square Alice Saunier-Seïté
1925-2003
Universitaire - Femme de lettres
Ministre des Universités
Maire Adjointe du 6e arrondissement
Conseillère de Paris

11

60

7

HÔTEL DE L'ABBAYE

ADRESSE 10 Rue Cassette, 75006

ÖFFNUNGSZEITEN für Nichthotelgäste 14.00–21.00 Uhr

METRO Saint-Sulpice

Seinen Namen verdankt das Hotel einer historischen Begebenheit: Vor den Kriegen in Lothringen geflohene Benediktinerinnen fanden im 17. Jahrhundert in Paris Zuflucht und gründeten 1659 unter dem Schutz Annas von Österreich, der Mutter des französischen Königs Ludwig XIV., in der Rue Cassette ein Kloster. Das Gebäude wurde als »Monastère de l'Adoration Perpétuelle du Saint-Sacrement« bekannt. Noch heute findet man im Eingangsbereich die Zeichnung einer Benediktinerin.

Seine Nähe zum malerischen Jardin du Luxembourg sowie den Geschäften, Restaurants und Cafés von Saint-Germain-des-Prés – darunter die bekannten Intellektuellen- und Künstlercafés »Les Deux Magots« und »Café de Flore« – macht das Hotel zum perfekten Aufenthaltsort. Daneben verfügt es auch über einen der schönsten »geheimen Gärten« von Paris, der ein traumhafter Rückzugsort für einen Nachmittagstee oder einen abendlichen Aperitif ist.

Anfang der 1990er-Jahre beschlossen die ursprünglichen Eigentümer Gisèle und Pierre-Antoine Lafortune, das Gebäude in Zusammenarbeit mit dem renommierten Architekten und Designer Michel Boyer (1935–2011) in ein Hotel umzuwandeln. Mit prachtvollem Dekor, Originalgemälden, Keramiken und Kunstgegenständen ließen sie darin die Opulenz des 18. Jahrhunderts wieder aufleben und schufen einen zeitlosen Pariser Chic, der dem 44-Zimmer-Hotel sein Vier-Sterne-Niveau sichert.

Gleich hinter dem diskreten Eingang in der Rue Cassette stößt man auf einen Wintergarten und einen ummauerten Innenhof, in dem sich gemütliche Sitzgelegenheiten um kleine Tische gruppieren. Ein plätschernder Wandbrunnen unterstreicht die idyllische Atmosphäre, die die efeubewachsenen Mauern, niedrige Bäume, Sträucher und saisonal bepflanzte Blumenbeete verströmen. Je nach Tageszeit betonen diffuses Tageslicht oder stimmungsvolle Abendbeleuchtung noch zusätzlich den Charakter eines vertraulichen Treffpunkts für romantische Rendezvous.

62

SQUARE ROGER-STÉPHANE

ADRESSE 7 Rue Juliette Récamier, 75007

ÖFFNUNGSZEITEN 9.00/9.30–20.30 Uhr

METRO Sèvres – Babylone

Dieser kleine Park ist von Wohngebäuden umgeben und von der Rue de Sèvres aus über einen schmalen Fußgängerweg erreichbar. Er wurde 1933 angelegt und ist mit alten Bäumen bepflanzt, darunter eine majestätische Trauerbuche in der Parkmitte.

Mit seinen 1438 Quadratmetern ist er einer der größeren »geheimen Gärten« von Paris. Auf mehreren Ebenen angelegt, umfasst er u. a. erhöhte Beete sowie eindrucksvolle Sträucher und Bäume wie Rhododendren, Flieder und Magnolien. Nahe dem Eingang heißt ein Wasserspiel Besucher willkommen. Das weitläufige grüne Refugium ist der ideale Ort für all jene, die sich vom geschäftigen Treiben des unweit entfernten Kaufhauses »Le Bon Marché« und von Luxusgeschäften wie Hermès erholen möchten. Vor allem Letzteres ist einen eigenen Besuch wert – und sei es nur, um den gefliesten Boden zu bewundern, der von seiner Vergangenheit als Schwimmbad herrührt.

Ursprünglich war der Park nach der bekannten Salonnière Juliette Récamier (1777–1849) benannt, die zahlreiche Künstler und Schriftsteller – darunter Jacques-Louis David (1748–1825) und François-René de Chateaubriand (1768–1848) – als Muse inspirierte. Ihre letzten Jahre verbrachte sie in der Abbaye-aux-Bois, einem ehemaligen Zisterzienserinnenkloster, das hier einst stand. Dessen Überreste wurden 1907 abgerissen, um die Rue de Sèvres zu verlängern. 2008 wurde der Park dann zu Ehren des Widerstandskämpfers, Schriftstellers und Schwulenrechtlers Roger Stéphane (1919–1994) umbenannt.

In der Rue Juliette Récamier 6 befindet sich ein vom Architekten Paul Friesé (1851–1917) entworfenes Umspannwerk, das 1910 zur Energieversorgung der Metro erbaut wurde. Seit 1990 ist es stillgelegt. 2008 wurde es von der Fondation EDF (gemeinnützige Stiftung des Energieversorgers EDF) in einen Veranstaltungsort, z. B. für temporäre Kunstausstellungen, umgewandelt, in dem Natur, Gesellschaft und Kultur im Mittelpunkt stehen.

Das üppige Blattwerk der alten Bäume und Sträucher verleiht diesem versteckten Park einen sehr intimen Charakter. Ein kleiner Kinderspielplatz erinnert daran, wie wichtig die Grünflächen für die Anwohner, aber auch für Besucher sind, die nach einem Bummel durch die umliegenden Straßen Erholung suchen.

DOOM
TARZ

S/STATION SÈVRES

9 ——

MUSÉE BOURDELLE

ADRESSE 18 Rue Antoine Bourdelle, 75015

ÖFFNUNGSZEITEN 10.00–18.00 Uhr, montags geschlossen

METRO Montparnasse – Bienvenüe

Nordwestlich des Cimetière du Montparnasse lockt dieses außergewöhnliche Museum mit zwei eindrucksvollen Skulpturengärten – und das alles bei freiem Eintritt. Die Ausstellungen sind an sich schon sehenswert, aber die Gärten zählen zu den bestgehüteten Geheimnissen von Paris.

Der Bildhauer Antoine Bourdelle (1861–1929), nach dem das Museum benannt ist, war ein Schüler und Assistent Auguste Rodins (1840–1917). Später unterrichtete er selbst namhafte Künstler, darunter Alberto Giacometti (1901–1966) und Henri Matisse (1869–1954). Das Museum ist im einstigen Atelier des Künstlers untergebracht und zeigt viele seiner Skulpturen, Grafiken und Archivfotos. Doch erst die Gärten machen es zu einer besonderen Attraktion.

Der straßenseitige Garten ist von einem Arkadengang umgeben, der von mehreren Statuen flankiert wird. Sie bilden die Kulisse für ein gewaltiges Bronzepferd, das Bourdelle als Studie zum 1926 in Buenos Aires errichteten Denkmal für den argentinischen General Carlos María de Alvear fertigte. Neben einer Vielzahl an Bäumen – darunter ein Niembaum sowie Feigen- und Apfelbäume – erfreuen je nach Jahreszeit blühende Klematis, Rosen, Pfingstrosen, Akeleien und Katzenminzen den Besucher. Im inneren Garten ruht eine sitzende »Sappho« mitsamt Lyra unter Blaseneschen und Paulownien. Zu ihren Füßen breitet sich ein Beet mit Farnen und Storchschnabel aus. Während ein »sterbender Zentaur« unter einer Robinie dahinsinkt, hält eine weitere Bronzeskulptur, die »Jungfrau der Opferung« das Christuskind empor. Bänke laden zum Ausruhen und Betrachten der Kunstwerke ein. Nieswurz, Geißblatt, 'Climbing-Iceberg'-Rosen, Hortensien und Herbst-Anemonen sorgen dafür, dass hier stets etwas blüht.

Fast schon wie ein dritter Garten wirkt die »Promenade« – ein grüner Korridor an der Rückseite des »Gipsabguss-Saals«. Eingerahmt von akkurat geschnittenen Eiben, kann man hier auf Sitzbänken weitere Skulpturen bewundern. Auch ein Fächer-Ahorn und Hortensien entfalten in diesem ruhigen Bereich ihre Pracht.

Ob man nun Gartenliebhaber ist oder nicht: Die Sorgfalt, mit der die reizvolle Anlage gepflegt wird, macht sie zu einem der schönsten »geheimen Gärten« von Paris.

LINKE SEITE Bronzeskulptur »Sappho«.

RECHTE SEITE, UNTEN LINKS »Die Frucht« von Antoine Bourdelle.

RECHTE SEITE, UNTEN RECHTS Bronzepferd, Studie zum »Denkmal für General Alvear«.

LINKE SEITE »Jungfrau der Opferung« von Antoine Bourdelle.

OBEN LINKS »Sterbender Zentaur« von Antoine Bourdelle.

OBEN RECHTS »Muse en respect« (1910–13): Fragment der Friese, die Bourdelle für das Théâtre des Champs-Elysées fertigte.

VORHERGEHENDE DOPPELSEITE »Hockende Badende« von Antoine Bourdelle.

VORHERGEHENDE DOPPELSEITE Blick vom Café im inneren Garten auf den »Sterbenden Zentauren«.

OBEN Kriegerdenkmal »Pointe de Grave«.

OBEN »Erster Sieg Hannibals« (1885).

RECHTE SEITE Allegorie »Der Sieg«, Studie zum »Denkmal für General Alvear« (1913–1923).

MUSÉE DU QUAI BRANLY – JACQUES CHIRAC

ADRESSE 37 Quai Jacques Chirac, 75007, Zugang auch über 218 Rue de l'Université, 75007

ÖFFNUNGSZEITEN 9.15–19.30 Uhr (Di.–So.), donnerstags 9.15–22.15 Uhr

METRO Iéna/Alma – Marceau

Zwar wurde die Idee zur Einrichtung dieses Museums schon viele Jahre zuvor diskutiert, doch es war der damalige Staatspräsident Jacques Chirac (1932–2019), der dafür sorgte, dass das Vorhaben in die Tat umgesetzt wurde. Seinen Namen »Musée du Quai Branly« verdankt es seiner Lage am nach dem französischen Wissenschaftler Édouard Branly (1844–1940) benannten Quai Branly. Später erhielt es die Namensergänzung »Jacques Chirac« und auch der Westteil der Straße, an dem das Museum liegt, wurde in »Quai Jacques Chirac« umbenannt.

Die umfangreiche, über 300 000 Werke umfassende Sammlung würdigt den kulturellen Reichtum und die Vielfalt, mit der außereuropäische Zivilisationen seit dem Neolithikum die Welt bereichert haben. Den 1999 ausgeschriebenen Wettbewerb für den Entwurf des Museumsgebäudes gewann der Architekt Jean Nouvel (*1945). Ebenso wichtig für das Gesamtkonzept (unter dem Motto »eine Einladung zum Reisen«) war jedoch die Gestaltung des 18 000 Quadratmeter großen Gartens durch den renommierten Gartenarchitekten Gilles Clément (*1943).

Das auf mehreren Ebenen angelegte Gelände umfasst gleich sieben durch gepflasterte Wege miteinander verbundene Gärten sowie zwei Wasserbecken. Auf der dem Quai Jacques Chirac zugewandten Seite des Museums erstreckt sich eine lang gestreckte vertikale Gartenwand, die komplett begrünte Fassade des Gebäudes.

Vom Café am Ende des Gartens aus können Besucher einen spektakulären Blick auf den nahe gelegenen Eiffelturm genießen und haben ausgiebig Gelegenheit, den außergewöhnlichen Garten in seiner Gesamtheit zu erfassen.

Rund 30 unterschiedliche Pflanzenarten und 70 Bäume, darunter Eichen und Ahornbäume auf der Nordseite sowie Magnolien und Kirschen im Süden, tragen zusammen mit Ziergräsern, Farnen, *Sedum*, Baldrian, Bambus und Rosen zu einer abwechslungsreichen Gestaltung bei, sie ist ein Spiegelbild des Engagements des Museums für Vielfalt und Integration. Jedes Jahr im Juli und August findet im Garten außerdem ein Festival statt, bei dem auch das halbrunde Open-Air-Theater im Herzen des Gartens für kulturelle und andere Veranstaltungen genutzt wird.

Gilles Clément sagte einmal: »Wer einen Garten erschaffen möchte, benötigt Land und Unendlichkeit.« Und auch für Nouvel, den Architekten des Gebäudes, stand bei seinen Entwürfen für das Projekt schnell fest, dass das Museum ein integraler Bestandteil des Gartens sein und aus diesem quasi emporwachsen sollte. Mit der Kreation dieses besonderen Raums erschufen die beiden einen der beeindruckendsten und opulentesten »geheimen Gärten« der Stadt.

OBEN RECHTS UND RECHTE SEITE Das auf Stelzen erbaute Hauptgebäude des Museums, von unten betrachtet.

LINKE SEITE UND OBEN Die futuristische weiße Halbkuppel, die im Sommer für Veranstaltungen genutzt wird, von der Caféterrasse aus gesehen.

ETTERIE

LINKE SEITE, UNTEN RECHTS Die im östlichen Australien heimische Queensland-Araukarie wurde dem Museum vom australischen Staat geschenkt.

OBEN Das Open-Air-Theater des Museums dient als Veranstaltungsort für Sommerfestivals.

RECHTES SEINE-UFER RIVE DROITE

Historisch gesehen, war das rechte Seine-Ufer *(Rive Droite)* die wohlhabendere Seite der Stadt und Stammsitz vieler Pariser Luxushotels, die vor allem im 1. und 8. Arrondissement beheimatet waren. Mit den Jahren wandelt sich die Gegend, in Vierteln wie Pigalle und Bastille eröffneten stilvolle Boutiquehotels und gehobene Restaurants, oftmals mit internationaler Küche.

Auch einige der bekanntesten und beliebtesten Wahrzeichen der Stadt hat die *Rive Droite* zu bieten. So befinden sich hier z. B. der Arc de Triomphe, die Champs-Élysées, der Louvre, die Basilika Sacré-Cœur de Montmartre, das Centre Pompidou (umgangssprachlich auch Beaubourg genannt), Les Halles und das trendige Marais-Viertel. Inzwischen sind viele der Ansicht, dass das rechte Seine-Ufer das heutige Paris besser widerspiegelt als das linke, da es ethnisch und wirtschaftlich vielfältiger ist.

Über Jahrhunderte hinweg war die *Rive Droite* das Zentrum des Banken- und Finanzwesens. Bekannt wurde sie u. a. als ehemaliger Sitz der Pariser Börse und Standort vieler namhafter Unternehmen. Doch auch Volkstheater und Unterhaltung haben hier eine lange Tradition. So sind z. B. Montmartre und Pigalle berühmt für ihre Varietétheater und Kabaretts, die mit ihren schillernden Aufführungen von jeher ein breiteres Publikum ansprachen als die intellektuelleren Kulturstätten der *Rive Gauche*.

Im Gegensatz zum künstlerischen Boheme-Charme der *Rive Gauche* versprüht die *Rive Droite* ihre ganz eigene Eleganz. So sind hier beispielsweise mehrere renommierte Auktionshäuser ansässig. Vor allem im 8. Arrondissement findet man außerdem exklusive Hotels, Restaurants und Kunstgalerien sowie die Flagship-Stores von Luxusmarken wie Chanel, Gucci, Prada, Saint Laurent und Dior in der Avenue Montaigne. Auf der nördlichen Seite der Seine liegt außerdem der 300 Jahre alte Élysée-Palast in der Rue du Faubourg Saint-Honoré. Der offizielle Amtssitz des französischen Präsidenten befindet sich hier in unmittelbarer Nähe zum Flagship-Store von Lanvin, den Büros von *Vogue France* und der britischen Botschaft.

PETIT PALAIS

ADRESSE Avenue Winston Churchill, 75008

ÖFFNUNGSZEITEN 10.00–18.00 Uhr, montags geschlossen. Freitags und samstags für Wechselausstellungen bis 20.00 Uhr geöffnet. Museumsgarten bis März 2026 nur eingeschränkt zugänglich.

METRO Champs-Élysées – Clemenceau

Das reich verzierte, mit einem vergoldeten Eingangstor geschmückte Petit Palais wurde 1900 anlässlich der Pariser Weltausstellung vom Architekten Charles Girault (1851–1932) erbaut und 1902 in das Musée des Beaux-Arts de la Ville de Paris umgewandelt. Die Dauerausstellung, die kostenlos zugänglich ist, umfasst zahlreiche Werke von Künstlern wie Fragonard, Pissaro, Rembrandt, Monet und Vuillard. Die umliegenden Gärten stehen der prachtvollen Gestaltung des majestätischen Gebäudes in nichts nach.

Im Innenhof befindet sich ein halbkreisförmig angelegter, herrlich grüner Garten mit Pampasgras, Kirschbäumen, Akanthus, Euphorbien und Palmen, umgeben von einem Säulengang mit Mosaikboden. Der italienische Mosaikkünstler Giandomenico Facchina (1826–1903) gestaltete sowohl die Böden des Gebäudes als auch die Umrandung der drei Wasserbecken, die in der Mitte des idyllischen Gartens glitzern.

Auch die kunstvollen Fresken an den Gewölbedecken des Portikus lohnen einen Blick. Sie zeigen »Die Monate des Jahres« und »Die Stunden des Tages und der Nacht«, beides Werke von Paul Albert Baudoüin (1844–1931). Baudoüin war ein Schüler des für seine effektvollen Wandmalereien bekannten Künstlers Pierre Puvis de Chavannes (1824–1898).

Einen ebenso prächtigen Beaux-Arts-Stil zeigt der nahe gelegene Pont Alexandre III, der ebenfalls anlässlich der Weltausstellung eingeweiht wurde. Die Brücke ist nach dem russischen Zaren Alexander III. benannt und erinnert an das französisch-russische Bündnis von 1892. Ihre Jugendstillaternen, die bronzenen Nymphen und die Pegasus-Skulpturen aus vergoldeter Bronze auf 17 Meter hohen steinernen Pylonen an der Seite der Brücke zeugen vom Reichtum der Pariser Kunst und Kultur.

Vielleicht ist es auch dieser prächtigen Umgebung geschuldet, dass das Luxusmodehaus Schiaparelli das Petit Palais regelmäßig für seine Haute-Couture-Shows während der Paris Fashion Week nutzt und damit eine weitere Verbindung zu Schönheit, Kunst und Kultur herstellt.

Der Garten bietet eine willkommene Erholung vom geschäftigen Treiben auf den nahe gelegenen Champs-Élysées. So kann man hier in Liegestühlen die friedliche Atmosphäre auf sich wirken lassen und beim Kaffee oder Mittagessen den Gartenblick von der Terrasse des »Café 1902« genießen.

124

12 ——

PARC MONCEAU

ADRESSE 35 Boulevard de Courcelles, 75008

ÖFFNUNGSZEITEN 7.00–22.00 Uhr (Sommer), 7.00–20.00 Uhr (Winter)

METRO Monceau

In dem 20 Hektar großen Park im eleganten 8. Arrondissement gibt es zahlreiche bemerkenswerte Bauwerke und Blickwinkel zu entdecken. Darüber hinaus ist er einer der wenigen städtischen Parks von Paris, in denen man die Rasenflächen betreten darf.

Der Park entstand im Auftrag von Louis-Philippe, dem Herzog von Chartres (1747–1793), einem Cousin des späteren französischen Königs Ludwig XVI. (1754–1793). Nachdem der Herzog das Grundstück erworben hatte, beauftragte er 1773 den Dramatiker, Maler und Bühnenbildner Louis Carmontelle (1717–1806) mit der Anlage eines Gartens, der ursprünglich als *Folie de Chartres* (»Die Verrücktheit von Chartres«) bekannt war.

Neben Bäumen, Rasenflächen, Blumenbeeten, Statuen, Wasserläufen und Brücken umfasste der Park auch zahlreiche »Follies« (extravagante Staffagebauten). Zu ihnen zählten eine ägyptische Pyramide im Miniaturformat, eine römische Kolonnade, eine holländische Windmühle, ein Marstempel, eine verwunschene Grotte sowie andere überraschende Elemente, die die vornehmen Besucher des Gartens bestaunen und bewundern sollten.

Nachdem Louis-Philippe – ebenso wie sein berühmter Cousin – während der Französischen Revolution (1789–1799) durch die Guillotine hingerichtet worden war, erwarb 1860 die Stadt Paris den Park. Im Zuge der großen Stadterneuerung, bei der Kaiser Napoleon III. (1808–1873) Baron Georges-Eugène Haussmann (1809–1891) mit der Umgestaltung von Paris betraute, wurde der Park zu einer der ersten öffentlichen Grünflächen der Stadt.

Den umzäunten Park schmücken vier schmiedeeiserne Tore mit Goldverzierungen, entworfen von Gabriel Davioud (1824–1881), der an der École des Beaux-Arts studiert hatte und eng mit Haussmann bei der Stadterneuerung zusammenarbeitete. Im Jahr 1885 wurde Davioud Chefarchitekt für alle Parks und öffentlichen Flächen der Stadt.

Künstlerberühmtheiten wie Claude Monet (1840–1926) und Gustave Caillebotte (1848–1894) verewigten die Schönheit des Parks in ihren Gemälden. Auch den Schriftsteller Marcel Proust (1871–1922), der unweit entfernt in der Rue de Courcelles Nr. 45 wohnte und als Kind häufig im Parc Monceau spielte, zog er in seinen Bann.

Bis heute ist der Park bei Anwohnern und Besuchern gleichermaßen beliebt und lockt mit seinen ausgedehnten Grünflächen, seinen Picknickmöglichkeiten, mit Kinderspielplatz, Imbissstand und kostenlosem WLAN die Menschen zu einer kurzen Erholungspause vom Alltag. Man könnte diesen atemberaubenden Ort ein Dutzend Mal besuchen und würde immer wieder neue »verborgene« Ecken zum Staunen und Genießen entdecken.

13 ——

MUSÉE DE LA VIE ROMANTIQUE

ADRESSE 16 Rue Chaptal, 75009

ÖFFNUNGSZEITEN 10.00–18.00 Uhr, montags geschlossen (wegen Renovierung bis März 2026 geschlossen)

METRO Pigalle/Blanche

Das Museum war einst das Privathaus und Atelier von Ary Scheffer (1795–1858), einem Maler der romantischen Schule. Häufig kam er mit Künstlern und Intellektuellen wie dem Maler Eugène Delacroix oder dem Komponisten Frédéric Chopin in seinem Garten zusammen. Sein Haus blieb bis Ende der 1980er-Jahre in Privatbesitz. Nach einer umfassenden Renovierung durch den bekannten Architekten, Innenarchitekten und Gartendesigner Jacques Garcia (*1947) eröffnete es 1987 als Museum.

Die Dauerausstellung umfasst zahlreiche Gemälde, Skulpturen und andere Kunstgegenstände aus der Zeit der Romantik. Zudem sind hier Schmuck, Möbel, Porträts und andere Erinnerungsstücke aus dem Besitz der Schriftstellerin George Sand zu sehen. Als bedeutende Vertreterin der Epoche wurde sie von berühmten Zeitgenossen wie Victor Hugo oder Gustave Flaubert verehrt. Sie schrieb über 70 Romane, aber auch Theaterstücke und umfangreiche Essays, und setzte sich engagiert für Frauenrechte ein. Da sich das Museum in städtischem Besitz befindet, ist der Eintritt kostenlos.

Der reizvolle, abgeschiedene Garten des Museums ist über einen gepflasterten und von Bäumen gesäumten Weg zugänglich, der von der Rue Chaptal abzweigt. Eine Fülle von blühenden Rosen, Hortensien, Stockrosen, Zierlauch, Pfeifensträuchern und Flieder, an den Mauern rankender Efeu und Clematis, ein Rundbeet, Statuen und Kübelpflanzen machen den Garten zu einem Sinnbild für die Begeisterung der Romantik für die Schönheit der Natur.

Neben seiner kulturellen Bedeutung ist der Garten geradezu ein Fest für die Sinne: Der Duft der Blumen, das frühmorgens und spätnachmittags besonders magisch schimmernde Sonnenlicht und das Lachen spielender Kinder, in das sich Vogelgezwitscher mischt, machen den Aufenthalt zu einem unvergesslichen Erlebnis.

Ein verglaster Pavillon, der ursprünglich das Künstleratelier von Ary Scheffers Tochter Cornelia war, beherbergt heute den Teesalon »Rose Bakery«, in dem man einen morgendlichen Kaffee, ein leichtes Mittagessen oder einen Nachmittagstee genießen kann. Sofort fühlt man sich hier in die Salons vergangener Tage zurückversetzt, in denen sich Ary und Cornelia Scheffer mit Freunden trafen, um über die künstlerischen, kulturellen und politischen Ereignisse ihrer Zeit zu diskutieren.

Suite de l'exposition
Grand Atelier
Large Studio
Salon de thé
Tea room
Toilettes
Toilets
Boutique
Shop
Ascenseur handicapés
Accès réservé au personnel du musée
Access reserved for museum staff

150

LE JARDIN VIVIENNE, BNF RICHELIEU

ADRESSE 5 Rue Vivienne, 75002

ÖFFNUNGSZEITEN je nach Wochentag unterschiedlich, montags nur nachmittags geöffnet

METRO Bourse

Der Jardin Vivienne befindet sich im 2. Arrondissement nahe dem Palais Royal und der Comédie-Française und ist Teil der Nationalbibliothek BnF Richelieu. Der Eingang liegt direkt gegenüber der Galerie Vivienne, einer bekannten Einkaufspassage aus dem 18. Jahrhundert mit Boutiquen, Restaurants und Galerien.

Im Zuge der Bibliotheksrenovierung wurde die Grünanlage vom renommierten Gartenarchitekten Gilles Clément (*1943), der auch für den Garten des Musée du Quai Branly – Jacques Chirac verantwortlich war, neu gestaltet. Das Konzept, das in Zusammenarbeit mit der Architektin Mirabelle Croizier und dem Landschaftsarchitekten Antoine Quenardel entstand, verweist auf die Zukunft und knüpft gleichzeitig an die Vergangenheit an.

Die außergewöhnliche Anlage greift thematisch das Engagement der BnF für die Bewahrung und Erhaltung von Papierdokumenten – von Handschriften bis hin zu Büchern – auf und ist als *Hortus Papyrifer* (»Papiergarten«) konzipiert. Pflanzen, die traditionell zur Papierherstellung oder als Schreibmaterial verwendet wurden, schaffen symbolisch eine Verbindung zwischen Garten und Bibliothek. Hierzu zählen Papiermaulbeerbaum, Papyrus, Bambus, Reispapierbaum und Japanische Faserbanane sowie Papier-Birke und Tibetkirsche mit ihrer papierartigen Rinde. Alles ist bewusst so gestaltet, dass es in einem engen visuellen Nebeneinander steht – ein Stil, der von der Kunstbewegung der Renaissance maßgeblich beeinflusst wurde.

Angelegt ist der Garten als üppig bepflanzter und prächtiger Innenhof mit zahlreichen Beeten und abgeschiedenen Ecken, deren Geheimnisse es zu erkunden lohnt. Am Rande der Grünanlage befinden sich mehrere Medici-Vasen aus Marmor sowie zwei bepflanzte Feuerschalen, von denen eine den Blickfang des Hauptwegs bildet. Das Café der BnF ist ein idealer Ort, um Freunde zu treffen, zu lesen oder über die Bedeutung und Schönheit des Gartens nachzudenken.

Der Jardin Vivienne ist rund ums Jahr einen Besuch wert, und auch zur Erkundung der öffentlich zugänglichen Bibliothek sollte man sich ausreichend Zeit nehmen. Besonders magisch ist die Stimmung im September, wenn die meterhohen Gräser in voller Blüte stehen: Das Meer aus zarten Blütenständen, die im sanften Sonnenlicht schimmern, ist ein wahrhaft betörendes Schauspiel.

15 ——

MUSÉE CARNAVALET

ADRESSE 23 Rue de Sévigné, 75003

ÖFFNUNGSZEITEN 10.00–18.00 Uhr, montags geschlossen

METRO Saint-Paul

Beheimatet in einem ehemaligen Stadtpalais im Marais, unweit des Picasso-Museums, widmet sich das Musée Carnavalet der Pariser Stadtgeschichte von den Anfängen bis zu Gegenwart. Die ebenso umfangreiche wie vielfältige Sammlung umfasst etwa 620 000 Objekte, darunter Gemälde, Möbel, Skulpturen, Schilder und Fotografien. Auch nachgebaute Räume und Gegenstände historischer Persönlichkeiten wie Napoleon I. (1769–1821) oder Marcel Proust sind hier zu sehen.

Ursprünglich war das Museum das Privatanwesen von Jacques des Ligneris (1480–1556), dem Präsidenten des *Parlement de Paris* (französischer Gerichtshof). Nachdem es mehrmals umgebaut worden war, ging es 1866 in städtischen Besitz über und eröffnete 1880 als Stadtmuseum. In der Folgezeit wurden die Gebäude und die Sammlungen mehrmals erweitert und restauriert. Die jüngste Renovierung und Modernisierung dauerte vier Jahre und war im Mai 2021 abgeschlossen.

Im Zuge der Umgestaltung wurden auch die Innenhöfe und zwei herrlich angelegte Gärten passend zum Stil des Museumsgebäudes restauriert. In formalen Beeten mit verschnörkelten Buchshecken leuchten Rosen und andere Blühpflanzen, Stauden und Grünpflanzen. Zusätzlich aufgewertet wird das einladende Ambiente des Innenhofs durch die eleganten Tische und Stühle des Restaurants »Fabula«, in dem man von Mai bis Oktober speisen kann. Im sanft von den Kalksteinwänden reflektierten Licht können Besucher hier bei einem Sommercocktail den Blick auf die von Louis-Simon Boizot (1743–1809) geschaffene Statue einer geflügelten Siegesgöttin genießen.

Anlässlich des 150-jährigen Jubiläums der berühmten Wallace-Brunnen (siehe Square Laurent-Prache) wurde zudem im Garten ein solcher Brunnen installiert, an dem man frisches Trinkwasser in Flaschen oder Gläser abfüllen kann. Den Brunnen, der zuvor auf der Place Denfert-Rochereau im 14. Arrondissement stand, zieren vier Karyatiden, die Güte, Nüchternheit, Einfachheit und Wohltätigkeit symbolisieren.

Wie viele »versteckte« Pariser Gärten wird auch der des Musée Carnavalet durch die grandiose Architektur eines ehemaligen Privatanwesens wundervoll bereichert und ist heute ein Raum, der jedermann zugänglich ist.

OBEN Wallace-Brunnen aus dem späten 19. Jahrhundert von Charles-Auguste Lebourg.

OBEN LINKS Detail am Haupteingang des Museums.

OBEN RECHTS »Victoire de la fontaine du Palmier« von Louis Simon-Boizot.

16 ——

SQUARE GEORGES CAIN

ADRESSE 8 Rue Payenne, 75003

ÖFFNUNGSZEITEN 8.00/9.00 Uhr–20.30 Uhr

METRO Saint-Paul/Chemin Vert

Die in einer ruhigen Straße im Marais-Viertel gelegene kleine Grünanlage verdankt ihren Namen dem Maler, Illustrator und Schriftsteller Georges Cain (1856–1919), der von 1897 bis 1914 als Kurator des Musée Carnavalet wirkte.

Niedrige Bäume säumen eine Seite der Anlage, ihr Prachtstück ist jedoch der majestätische Feigenbaum, der alt und knorrig, aber noch immer kräftig und vital ist. Hängebirken, Lorbeerbäume in Pflanzgefäßen und Zypressen bereichern den Garten mit ihrem grünen Blattwerk. Im Sommer schmücken üppige Blumenbeete mit Rosen, Akanthus, Fingerhut und anderen saisonalen Pflanzen den Garten.

Aus dem zentralen, kreisrunden Rosenbeet erhebt sich einer von sechs Bronzeabgüssen, die der Bildhauer Aristide Maillol (1861–1944) von seinem Werk »Île de France« fertigte. Die Darstellung einer nackten Badenden symbolisiert die Region rund um Paris. (Eine Marmorversion der Statue lässt sich im Musée d'Orsay bewundern.) Wenn es windig ist, verblüfft die Besucher zudem der Gesang einer Nachtigall – eine Kreation des Klangkünstlers Erik Samakh (*1959). Den visuellen Gegenpart bildet der zuvor erwähnte 100-jährige Feigenbaum auf der rechten Seite des Gartens. Mit seiner ausladenden Erscheinung, die sich aus der Unterpflanzung erhebt, trägt er zum Reiz des Gartens bei.

Unerwartete architektonische Schätze findet man an der hinteren Mauer: In ihrer Mitte prangt ein Portikus samt Säulen und Zifferblatt, der einst Teil des 1871 zerstörten Tuilerien-Palasts war. Ebenfalls sehenswert sind die Überreste des Pariser Salzspeichers, eine Renaissance-Rosette des einstigen Rathauses, ein Fenstergesims des Hôtel de Thou und Fragmente merowingischer Sarkophage. Einzigartig in Paris, erinnert die Anlage mit ihren historischen Relikten eher an Freilichtmuseen, wie sie für Athen typisch sind.

In der Grünanlage trifft man auf viele Pariser, die im ruhigeren Teil des Marais leben und sich etwas Erholung gönnen möchten. Vor allem bei Hundehaltern ist der Square Georges Cain beliebt und zieht besonders am Wochenende viele Besucher an. Unter der Woche, wenn es hier etwas ruhiger zugeht, ist das »versteckte Juwel« jedoch ein echter Geheimtipp: ein Ort, an dem man eine Pause einlegen, aber auch in die traditionsreiche Geschichte der Pariser Architektur und Gartenkultur eintauchen kann.

LINKE SEITE Fenstergesims des ehemaligen Hôtel de Thou.

OBEN Originalrelikt aus dem Tuilerien-Palast: der »Tympan orné de deux Victoires«.

OBEN Der 100-jährige Feigenbaum am rechten Rand der Anlage, von der Straße aus gesehen.

RECHTE SEITE Originalrelikte aus dem Paris des 18. Jahrhunderts machen den Garten zum »Freilichtmuseum«.

17 ——

JARDIN LAZARE RACHLINE

ADRESSE 9 Rue Payenne, 75003

ÖFFNUNGSZEITEN 10.00–18.00 Uhr

METRO Saint-Paul

Da der Jardin Lazare Rachline – mit sechs Sitzbänken und ohne Hundeverbot – einer der kleineren »geheimen Gärten« von Paris ist, herrscht hier oftmals eine friedliche Ruhe. Somit bildet er eine willkommene Abwechslung zum hektischen Treiben in den umliegenden Straßen des Marais-Viertels.

Der Garten ist nach Lazare Rachline (1905–1968) benannt, einem russischstämmigen Industriellen und Geschäftsmann, der sich gegen den Antisemitismus engagierte und während des Vichy-Regimes im Zweiten Weltkrieg Mitglied der Résistance war. Der Garten ist allerdings jüngeren Datums: Er wurde 1974 angelegt, nachdem die Stadt Paris das Grundstück erworben hatte. Zuvor gehörte er zum Hôtel Donon, in dem seit 1990 das Musée Cognacq-Jay beheimatet ist. Das Museum zeigt eine sehenswerte Sammlung von Kunstwerken aus dem 18. Jahrhundert.

Obwohl er relativ modern ist, ist der sorgsam gepflegte Garten formal angelegt: Eibenhecken säumen die drei Mauern, die ihn umgeben, während die zentrale Rasenfläche und die Blumenbeete von Buchshecken gesäumt und mit kegelförmigen Zypressen geschmückt ist. Hoch gewachsene Rosensträucher und eine saisonale Bepflanzungen mit mehrjährigen Stauden und anderen Pflanzen, um die sich Kieswege schlängeln, bereichern die Anlage mit ihrer Blütenpracht.

Der Jardin Lazare Rachline gehört zu denjenigen Gärten, über die man auf dem Weg von A nach B unversehens stolpert. Doch wer ihn einmal gesehen hat, den zieht es immer wieder hierher. Kein Wunder, dass die Anwohner diesen Geheimtipp am liebsten für sich behalten würden.

18 ——

LE PAVILLON DE LA REINE

ADRESSE 28 Place des Vosges, 75003

ÖFFNUNGSZEITEN geöffnet für Nichthotelgäste nach Ermessen des Hotels

METRO Chemin Vert

Benannt ist das heutige Hotel nach Anna von Österreich (1601–1666), Königin von Frankreich und Mutter von Ludwig XIV. (1638–1715), die einst einen Flügel des Gebäudes bewohnte. Es wurde 1612 als königlicher Palast erbaut und entwickelte sich aufgrund seiner zentralen Lage bald zu einem Ort, an dem sich die feine Gesellschaft traf und berühmte Schriftsteller wie Jean-Baptiste Racine (1639–1699), Molière (1622–1673) und Jean de La Fontaine (1621–1695) verkehrten.

Durch die gewölbten Arkaden am Place des Vosges erreicht man den einladenden Innenhofeingang des Hotels, der in der Abenddämmerung stimmungsvoll beleuchtet ist. Zum Garten mit seinen gepflasterten Wegen gelangt man durch das Hotel. Da er fernab der Straße liegt, verströmt er auch an betriebsamen Tagen eine stille und abgeschiedene Atmosphäre.

Besucher finden hier Ruhe vor dem Fußgänger- und Autoverkehr des Marais und genießen den angenehmen Schatten inmitten niedrig wachsender Fächer-Ahorne, eleganter Buchshecken und anmutiger Formschnittgehölze. Zusätzlich schmücken Flieder, weiße Hortensien, efeubewachsene Mauern und duftender Jasmin sowie die moderne Skulptur einer anmutigen jungen Tänzerin den Garten. Das mit einem Michelin-Stern ausgezeichnete Restaurant »Anne« ist der perfekte Ort für einen morgendlichen Kaffee, ein intimes Rendezvous oder einen Cocktail vor dem Abendessen.

Seinen ganz eigenen Reiz hat der Place des Vosges, an dem das Hotel liegt: Der umzäunte Platz mit in Form geschnittenen Bäumen ist umgeben von den Arkaden der umliegenden Gebäude, die Boutiquen, Kunstgalerien und Restaurants beherbergen. In der Mitte des Platzes steht ein Reiterstandbild Ludwigs XIII. (1601–1643), das den König als römischen Kaiser, gekrönt mit einem Lorbeerkranz, darstellt. Die vier großen, einheitlich gestalteten Brunnen – einer an jeder Ecke des Platzes – wurden allesamt vom Bildhauer Jean-Pierre Cortot (1787–1843) geschaffen und erhielten hier 1825 ihren Platz.

Wer die stille Pracht dieses bezaubernden Gartens für sich entdeckt hat, möchte sein Geheimnis am liebsten bewahren. »Eingeweihte« können sich ihres Wissens jedoch glücklich schätzen.

FOLGENDE DOPPELSEITE RECHTS »La Marathonienne« von Philippe Hiquily (1981).

COULÉE VERTE RENÉ-DUMONT

ADRESSE Avenue Daumesnil bis Avenue Émile-Laurent, 75012

ÖFFNUNGSZEITEN 8.00/8.30 Uhr–21.30 Uhr (Sommer), 8.00/8.30–17.00 Uhr (Winter)

METRO Porte Dorée

Die Coulée verte René-Dumont ist ein außergewöhnlicher, 4,5 Kilometer langer Parkwanderweg. Er erstreckt sich entlang einer 1859 eröffneten und 1969 stillgelegten Bahntrasse und verbindet die Place de la Bastille mit dem Bois des Vincennes. Ursprünglich Promenade plantée genannt, wurde sie vom Architekten Philippe Mathieux (*1945) und vom Landschaftsarchitekten Jacques Vergely entworfen. Mit dem Bau begann man 1988, 1993 wurde die bepflanzte Promenade eingeweiht. Benannt nach René Dumont (1904–2001), einem einflussreichen Agrarwissenschaftler, Soziologen und Umweltschützer, verbindet die Coulée verte historische und moderne Architektur der Stadt durch ein grünes Band und diente als Inspiration für den High Line Park in New York.

Der begrünte Weg, der auf einem Großteil der Strecke erhöht verläuft, führt von der Kreuzung Rue de Lyon/Avenue Daumesnil nahe der Opéra Bastille nach Osten bis zur Avenue Émile-Laurent, wo man über eine Wendeltreppe in der Nähe des Boulevard Périphérique wieder hinabsteigt. Entlang der Strecke befinden sich zahlreiche Zugänge.

Die Coulée verte kombiniert wilde, naturnahe Vegetation mit einer eher formalen Landschaftsgestaltung mit zahlreichen Linden, Haselnusssträuchern, Kletterrosen und anderen blühenden Pflanzen. Der Weg beginnt am berühmten, neu gestalteten Viaduc des Arts, unter dessen Bögen sich Galerien, Ateliers und Boutiquen mit Glasfassaden befinden, überquert den Boulevard Diderot und führt auf einer Hängebrücke über den Jardin de Reuilly zur baumbestandenen Allée Vivaldi. An ihrem höchsten Punkt befindet sich die Coulée verte zehn Meter über dem Boden. Bisweilen verläuft sie durch Gebäude, dann wieder gibt sie weite Ausblicke frei.

Der bei Joggern und Spaziergängern beliebte Grüngürtel (Hunde sind an der Leine erlaubt) bietet einen äußerst abwechslungsreichen Blick auf das 12. Arrondissement und ist ideal für alle, die eine gelungene Mischung aus städtischer Umgebung und grüner Oase erleben möchten.

OBEN Blick von der Coulée verte auf das Obergeschoss eines Polizeireviers, geschmückt mit Repliken von Michaelangelos »Sterbendem Sklaven«.

RECHTE SEITE Urbane Kunstwerke entlang der Coulée verte René-Dumont.

VERTIGO
NIRVANA

LINKE SEITE Einen einmaligen Anblick bietet die Coulée verte an dieser Treppe, wo sie durch ein Gebäude verläuft.

20 —

Jardin des Rosiers Joseph Migneret

ADRESSE 10 Rue des Rosiers, 75004

ÖFFNUNGSZEITEN 8.00/9.00–19.00 Uhr (Frühling/Sommer), 8.00/9.00 Uhr–18.00 Uhr (Herbst/Winter)

METRO Saint-Paul

Versteckt zwischen den Geschäften, Restaurants und Hotels des quirligen Marais-Viertels, ist der Eingang zu diesem Garten in der Rue des Rosiers leicht zu übersehen. Er befindet sich in einer schmalen Gasse, die von Resten der historischen Stadtmauer gesäumt ist.

Der Name dieses Gartens erinnert an den Lehrer und Schuldirektor Joseph Migneret (1888–1949), der während des Zweiten Weltkriegs viele jüdische Kinder vor der Deportation bewahrte, indem er sie versteckte und ihnen gefälschte Papiere besorgte.

Ursprünglich befanden sich hier auf einer Fläche von 1095 Quadratmetern die Privatgärten dreier Herrenhäuser aus dem 17. Jahrhundert: Hôtel de Coulanges, Hôtel Barbes und Hôtel d'Albret. Obwohl der Garten von Wohngebäuden umgeben ist, ist er offen und lichtdurchflutet. Er wurde von der Landschaftsgärtnerin Marie-Odile Ricard angelegt und ist in drei verschiedene Bereiche unterteilt. Er ist auch ein Gemeinschaftsgarten, der von Freiwilligen betreut wird, die hier jeden Samstag arbeiten.

Es gibt einen Obst- und einen Gemüsegarten mit einem stattlichen Feigenbaum und einer Kastanie, flankiert von einem Gartenbereich, der u. a. mit Säckelblumen bepflanzt ist. In einem weiteren Bereich wachsen Gräser und Farne, die an eine Sumpflandschaft erinnern – in Anspielung auf das Sumpfgebiet (frz.: »Marais«), das sich hier vor seiner Trockenlegung befand. An einer Mauer ranken Weinreben, an einer anderen alte Spalierbäume, die den urbanen Raum in eine bei den Anwohnern beliebte Oase verwandeln.

Für Kinder gibt es einen von Birken beschatteten kleinen Rasenspielplatz samt Holzboot und Tierfiguren. Eine Gedenktafel mit den Namen von 100 zwischen 1942 und 1944 nach Auschwitz deportierten Kindern und Säuglingen – der jüngste gerade einmal 27 Tage alt – macht den Garten zu einem Ort des Erinnerns.

Die Grünflächen von Paris verraten viel über das Engagement der Stadt für ihre Einwohner. Wie alle der hier beschriebenen Gärten und Grünanlagen bietet auch diese Anlage ausreichend Gelegenheit, umherzustreifen, über die Geheimnisse des Lebens nachzudenken oder mit Freunden zu plaudern. Und das alles, während man die Erholung inmitten einer modernen städtischen Umgebung genießt, in der lebendige Geschichte und Natur verschmelzen.

DANKSAGUNG

Die Idee zu diesem Buch in seiner heutigen Form entstand um das Jahr 2020 und keimte einige Jahre lang im Hintergrund meiner kreativen Projekte. Als freiberufliche Fotografin glaube ich an das perfekte Timing und so nahm das Projekt schließlich im Jahr 2023 Fahrt auf.

Zuallererst möchte ich Kirstie Armiger-Grant von Hardie Grant Australia für ihre unschätzbaren Ratschläge und ihr Feedback sowie für die Vermittlung an Kate Pollard in Großbritannien danken. Ein großes und herzliches Dankeschön geht an meine Verlegerin Kate, die nicht nur von Anfang an meine Begeisterung teilte, sondern auch von meiner Arbeit überzeugt war und ihr Potenzial erkannte. Besonders dankbar bin ich für die kreative Freiheit, die ich bei jedem Schritt des Entstehungsprozesses des Buchs genoss.

Mein Dank gilt auch Phoebe Bath, Kates hervorragender Lektorin, die meine Inhalte reibungslos umsetzte und mir in vielen E-Mails wertvolle Unterstützung bot. Vielmals bedanke ich mich außerdem bei Evi-O.Studio und Eloise Myatt für die wunderbare Buchgestaltung.

Besonders erwähnen möchte ich meine liebe Freundin Mara, durch die ich den zauberhaften Garten des »Pavillon de la Reine« kennenlernen durfte. Noch heute treffen wir uns hier oft an heißen Sommernachmittagen, um uns zu unterhalten und kreative Ideen auszutauschen.

In diesem Zuge danke ich auch den Verantwortlichen des »Hotel L'Abbaye« und des »Pavillon de la Reine« dafür, dass sie auf mein Anliegen eingegangen sind und mir vertraut haben, den Charme ihrer herrlichen Gärten einzufangen.

Und schließlich danke ich Paris dafür, dass ich hier leben und den einmaligen Charakter der Stadt und ihrer »geheimen Gärten« entdecken darf.

ÜBER DIE AUTORIN

Elli Ioannou ist eine international ausgezeichnete Modefotografin, Fotomedienkünstlerin, Mentorin und Pädagogin, die sich 2016 in Paris niederließ, um sich persönlich und beruflich weiterzuentwickeln. Im selben Jahr wurde sie Korrespondentin für die Paris Fashion Week bei der Zeitschrift D.A.M.

Mit über 17 Jahren Erfahrung als Modefotografin lehrte Elli außerdem Modefotografie und -film in Bachelor- und Masterstudiengängen in Australien sowie in Paris und unterrichtete u. a. am Paris College of Art und bei Parsons Paris.

Ellis Modefotos erschienen in renommierten Publikums- und Fachzeitschriften in Europa und Australien. Zu den größten internationalen Auszeichnungen für ihre Fotomedienkunstwerke gehören die Aufnahme in die Imago Mundi Collection von Luciano Benetton samt Beitrag in der Veröffentlichung »Looking Down Under: Contemporary Artists from Australia« (2015). Darüber hinaus war sie schon in mehreren Einzel- und Gruppenausstellungen in Australien und Europa vertreten.

Während ihrer Arbeit bei der Paris Fashion Week begann sie, die Stadt aus ihrer ganz eigenen Perspektive zu entdecken: Von historischer und moderner Architektur bis hin zu Mode als einer Form von Kunst und Design – alles hatte in ihren Augen dieselbe ästhetische Qualität. Diese Ästhetik bildet auch den Mittelpunkt ihrer künstlerischen Arbeit und wird in vielen ihrer Ausstellungen thematisiert.

Die Originalausgabe erschien 2025 unter
dem Titel *Secret Gardens of Paris* bei
Quadrille Publishing, einem Unternehmen
von Penguin Random House

Quadrille, Penguin Random House UK
One Embassy Gardens, 8 Viaduct Gardens
London SW11 7BW

www.penguin.co.uk

Aus dem Englischen von Carmen Hindemith

1. Auflage 2026

Redaktion und Satz: twinbooks, München

Printed and bound in China

Gerstenberg Verlag GmbH & Co. KG
Rathausstraße 18–20, D-31134 Hildesheim
verlag@gerstenberg-verlag.de

ISBN 978-3-8369-2214-2

www.gerstenberg-verlag.de

FSC www.fsc.org
MIX
Papier | Fördert
gute Waldnutzung
FSC® C018179